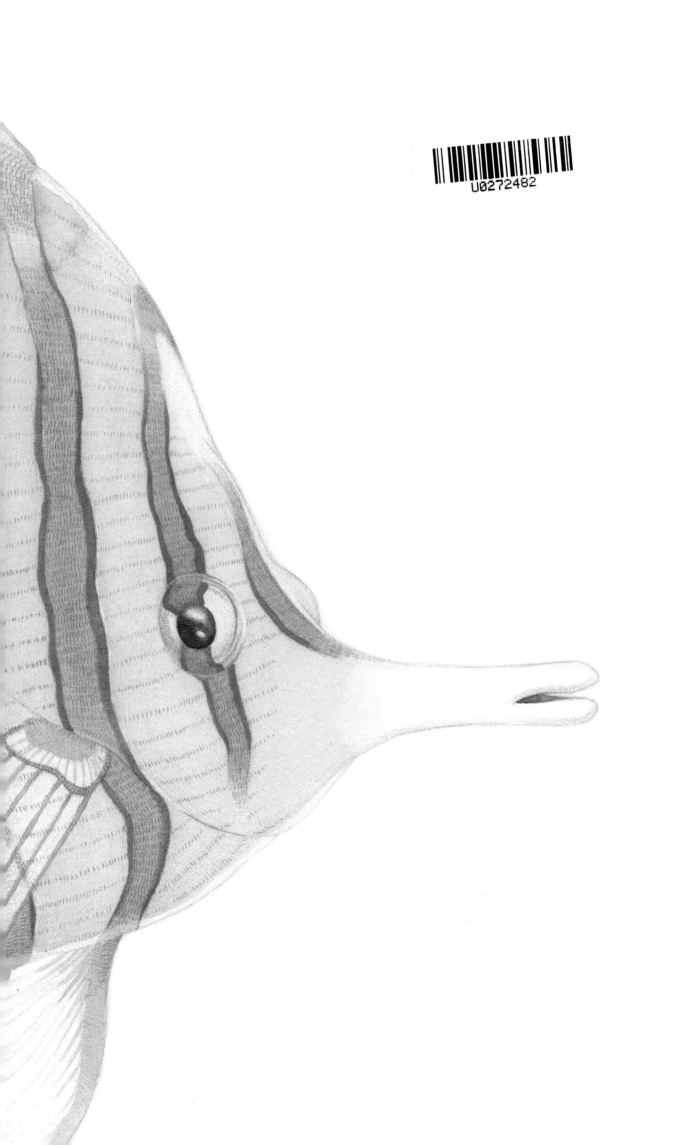

献给热爱自然的人

儿童科普成长系列

澳大利亚
海洋动物图鉴

[澳]迈特·淳 / 绘著
徐锦标 语言桥 / 译

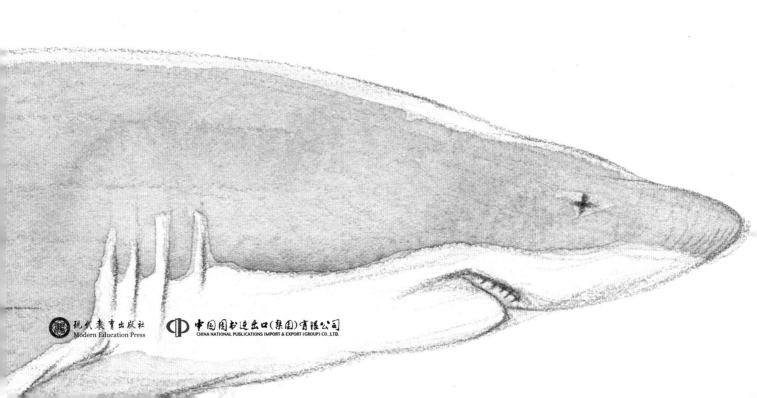

现代教育出版社
Modern Education Press

中国图书进出口（集团）有限公司
CHINA NATIONAL PUBLICATIONS IMPORT & EXPORT (GROUP) CO.,LTD.

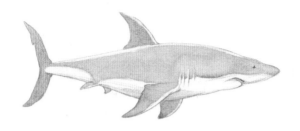

大白鲨

大白鲨是世界上最大的掠食性鱼类，人们经常谈鲨色变。它们很聪明，也充满好奇心。在澳大利亚，它们经常活跃于浅海区域，在南昆士兰和澳大利亚西海岸中部都可以见到它们的身影。

大白鲨背部为灰色，腹部呈白色，皮肤厚实且粗糙。它们身体光滑，线条流畅，鼻子尖尖往前突出，当游近海面时，其大而弯曲的背鳍会切出水面。

大白鲨的下颌处有多排牙齿，共上百颗。它们的感官非常灵敏，隔着很远的距离就能嗅到水中的血腥味。它们一般通过电感知捕食，这是因为它们的鼻子周围分布着许多小毛孔，里面富含一种特殊胶质，可以感觉到水中其他海洋动物带来的细微电流。它们的猎物很多，包括鱿鱼、虹[1]鱼、海豹、海狮和海豚等。

大白鲨靠鳃呼吸，它们用嘴巴把水吸入鳃里获取氧气，然后用鳃把水排出。它们一旦停止游动，就无法获得新鲜且富含氧气的水，因此大白鲨只能不断游动以保持呼吸。

---

1. 虹：hóng

三间火箭

三间火箭一般生活在温暖的热带海域，常见于珊瑚礁和礁石海岸线处。澳大利亚的三间火箭多分布于昆士兰州海岸以及新南威尔士州中海岸，尤其多见于大堡礁附近。

三间火箭背部和底部都有大大的鱼鳍，往后看宽且方正，往前看又显得修长。它们的身体带有橘黄色条纹，背鳍上有一黑点略像眼睛，故名眼点。眼点中间颜色较深，外圈呈淡蓝色。这一假眼有迷惑作用，让敌人难以辨别其前端的位置。

三间火箭的嘴巴尤其细长，因而也称为钻嘴鱼。这种细长的嘴巴可进入狭小空间，以便在珊瑚和礁石区域找寻食物。三间火箭以小型生物为食，包括蠕虫、珊瑚虫以及小型无脊椎生物。

三间火箭虽喜独居，但有时也会组队出游，繁殖期尤其如此。它们通常把鱼卵产于水中，孵化之前鱼卵都会保持漂浮状态。刚出生的三间火箭不会立即长出标志性的细长嘴巴，一般而言，年龄越大，嘴巴越长。

———————————

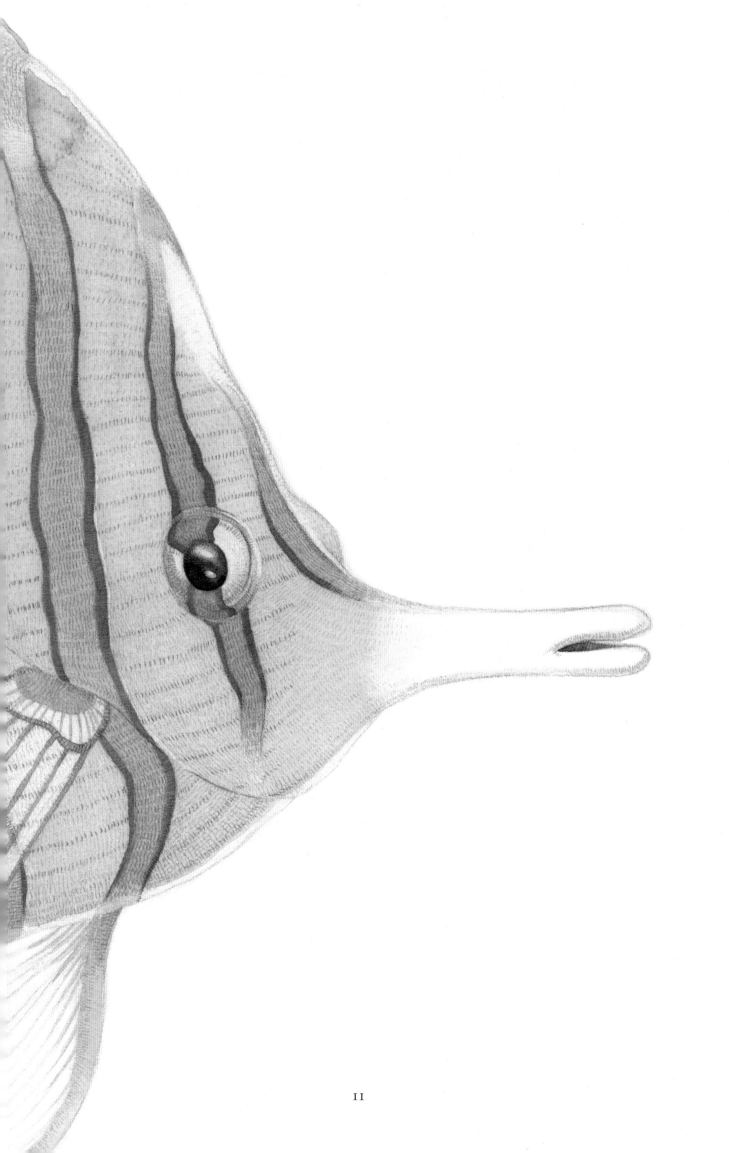

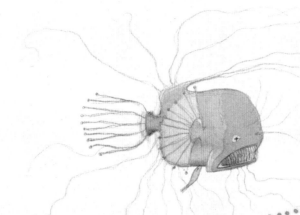

大洋长鳍角鮟鱇[1]

大洋长鳍角鮟鱇，也称深海鮟鱇或多丝茎角鮟鱇，生长在寒冷黑暗的大海深处，通常在新南威尔士州海岸可找到它们的身影。它们身形圆鼓，呈黑棕色，嘴巴很大，下颌突出，牙齿稀疏但尖锐异常。

比起雄鮟鱇，雌鮟鱇体型更大，脸部前面还垂着一根发光拟饵。鱼鳍上长出的长长的细丝遍布全身，每一根都有各自的神经和肌肉，可独立活动。

雄鮟鱇一旦找到雌鮟鱇，就会一口咬住雌鮟鱇，直到二者皮肤融合到一起，雄鮟鱇会完全依靠雌鮟鱇供给营养。最后，两条鮟鱇的血管相互连接，成为一体。

雌鮟鱇一般在深海中很难找到食物，而发光拟饵可帮助雌鮟鱇捕食其他鱼类和甲壳动物。它们的胃弹性十足，可容纳大量食物。由于下巴宽大，就算猎物身躯硕大，它们也照吃不误。

---

1. 鮟鱇：ān kāng

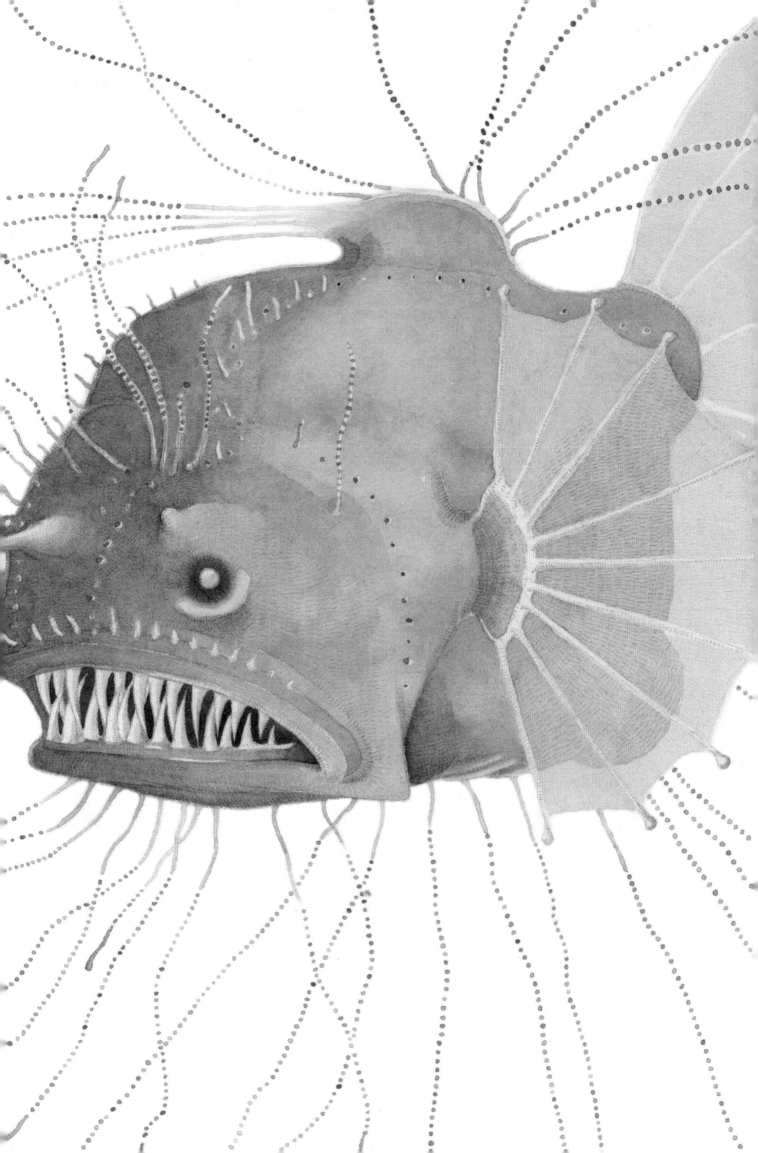

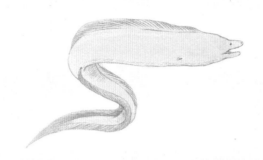

绿裸胸鳝（绿鳗）

别看它们叫绿鳗，其实通体棕色，只是表皮附有一种保护性的绿色黏液，可确保表皮健康。绿鳗形状细长，在水中游动时身体会弯成曲线。

绿鳗喜欢藏身于礁石和多海草区域。在澳大利亚，绿鳗尤其常见于海拔较低的东海岸，昆士兰州最南部到维多利亚州海岸中部一带。在塔斯马尼亚岛、澳大利亚南部和西部也可见到它们的身影。

绿鳗既可向前游，也可向后游，因此它们能灵活往返于岩石的缝隙中。躲在藏身处时，它们既可伏击猎物，也可避免被捕食。除下颌一排尖锐的牙齿外，绿鳗嘴巴顶部还藏有额外的牙齿，捕猎时有助于钩住像鱼、章鱼、鱿鱼、螃蟹和虾之类的猎物。它们嗅觉灵敏，追踪猎物时常常会依赖嗅觉。

雌绿鳗一般把卵产在水中，之后鱼卵会一直漂浮在水中直至孵化成幼年绿鳗。幼年绿鳗小且扁平，呈透明状，在找到隐蔽的栖息处之前都会漂浮在开阔水域。

———————————

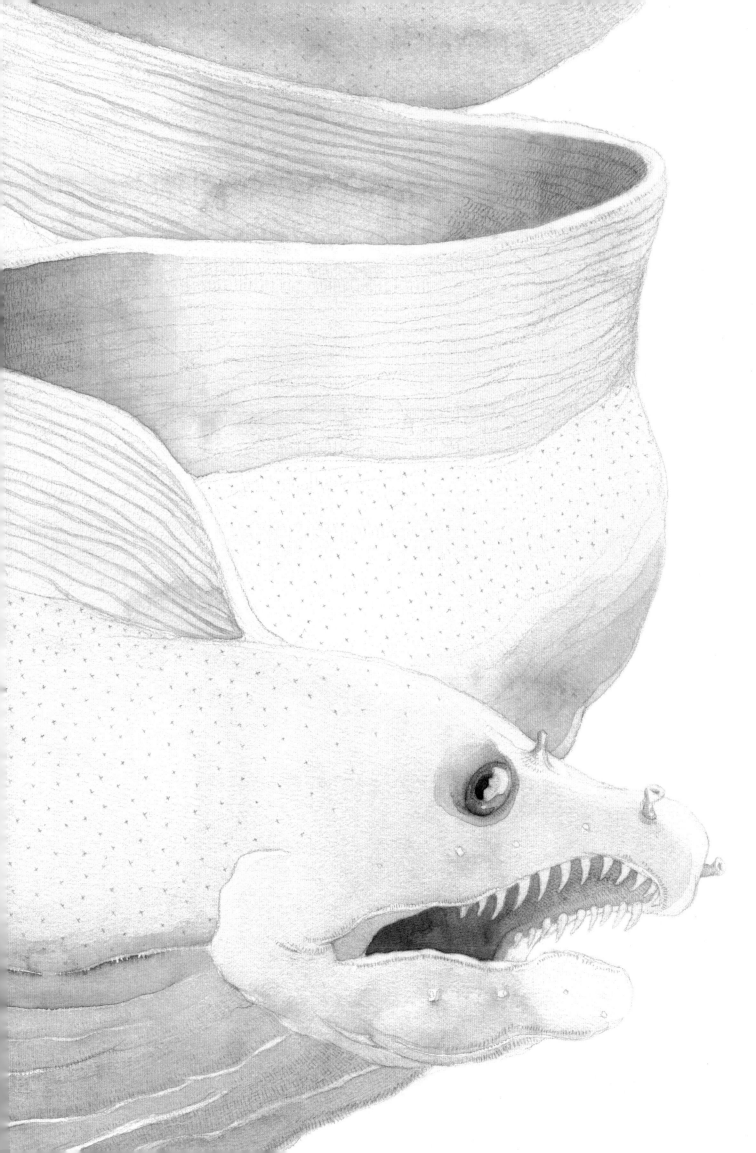

澳大利亚毛皮海狮

澳大利亚毛皮海狮多见于维多利亚州和塔斯马尼亚岛海岸以及新南威尔士州和澳大利亚南部的部分海岸区域。很多时候它们会上岸，在沿海区域或岛屿多的岩石地带休息放松、褪毛、换毛并交配繁殖。

雄海狮毛色通常为深棕色和灰色，颈部毛发浓密且粗糙。雌海狮多为银白色，胸部和颈部呈奶油色。无论雄雌，它们的脸部都长有长且敏感的胡须，且牙齿尖锐。

海狮喜食鱼类，以及鱿鱼、磷虾、章鱼、甲壳类动物，甚至鸟类。它们是游泳健将，迅速敏捷，又不失优雅。海狮们可以一次在水里待上几周，它们的皮下脂肪层很厚，可以保暖，两层厚实的皮毛让它们的皮肤在水下也能保持干爽。

在陆地上，澳大利亚毛皮海狮会抬起自己的身体，用四只鳍摇摇摆摆地走。每年海狮们都要上岸褪毛，然后换上一身新衣裳。作为高度群居性动物，每到繁殖季节它们都会组成一个群落。许多雌海狮会跟一头雄海狮生活在岛上，为捍卫自己的领地，雄海狮会低吼、咆哮，来赶走入侵者。一般来说雌海狮每胎只孕育一个海狮宝宝。

珊瑚

珊瑚看起来像一株植物，其实它是由许多叫珊瑚虫的细小生物组合而成的。珊瑚虫可独立生存，但它们通常会聚集在一起组成一个群体，许多个群体合并在一起就形成了珊瑚礁。珊瑚礁为很多海洋生物提供了赖以生存的栖息地，对海洋健康至关重要。珊瑚可以存活很久，一般珊瑚虫可生存上百年，珊瑚群可生存数个世纪，有些珊瑚礁甚至从几百万年前开始就一直在生长。

珊瑚分布在热带海域，靠近阳光可及的水面。澳大利亚有很多大型珊瑚礁，包括昆士兰州海岸的大堡礁。大堡礁是世界上最大的珊瑚礁，生活着上百种不同种类的珊瑚。

珊瑚有硬珊瑚和软珊瑚之分。硬珊瑚上的珊瑚虫有一个坚硬的石灰石骨架，经年累积成多层，最后固定在岩石等物体上。软珊瑚上的珊瑚虫则由较小的石灰石骨针支撑。硬珊瑚虫有6只触手，软珊瑚虫有8只触手。

珊瑚虫本身没有颜色，呈半透明。珊瑚能拥有宝石一般的颜色是因为一种和它共生的特殊藻类，这种藻类的颜色和密度决定了珊瑚的颜色。有时水温变化等因素会迫使珊瑚与藻类分开，当珊瑚体内的共生藻数量下降时,会造成珊瑚白化的现象。

珊瑚虫的触手可刺痛并捕食猎物，它们以附近的小鱼和浮游生物为食，但主要依靠共生藻类提供的养分存活。

儒艮[1]

儒艮性情温顺，行动缓慢，与大象是近亲。它们一般生活在海岸和内陆之间的浅水区域，有时也会游进深海。儒艮多见于澳大利亚北部较温暖的水域，在昆士兰州南部以及澳大利亚西部和北部都可看到它们的身影。

儒艮体型很大，通体呈灰色或棕色，身形圆鼓，鳍肢长，尾巴呈叉形，嘴巴附近有一块扁平区域，可轻松在海底觅食。儒艮喜食海草，进食时，两个阀门状鼻孔会在海草和沙子上留下痕迹。儒艮的身体一般没有毛发，只有嘴巴附近有很多敏感的刚毛，这有助于寻找食物。儒艮还长有獠牙，但仅见于成年雄性和一些老年雌性。

儒艮是独居动物，但也会组队生活及觅食，有时它们还会成群聚集在一起。儒艮听觉发达，彼此间主要通过发出轧轧声或尖锐声进行交流。

儒艮呼吸时必须把鼻孔露出水面。有时它们把头浮出水面，把尾巴落在海底，这是为了保持平衡，看起来就像站立着。儒艮宝宝出生后，儒艮妈妈会带它们游到水面上，呼吸第一口空气。

---

1. 艮：gèn

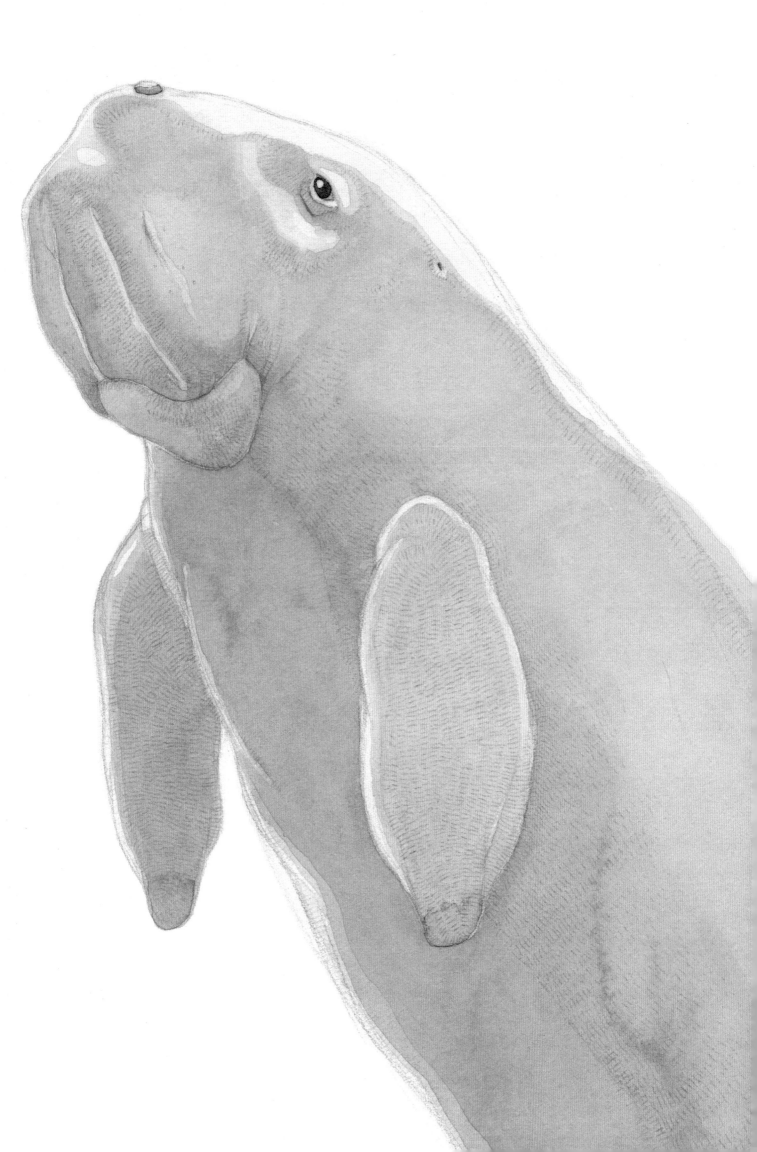

翱翔蓑鲉¹

翱翔蓑鲉也称火鱼、斑马鱼以及狮子鱼，生活在温暖的热带海域。澳大利亚的翱翔蓑鲉常见于海岸线的上半部分，尤其是西海岸和新南威尔士州海岸一带。它们栖息于珊瑚礁和礁石区域，经常藏匿在附近洞穴、岩架和岩石缝隙中。

翱翔蓑鲉全身布有亮眼的红褐色条纹，背部长有长鳍，并延伸至两侧。同时背部还有许多尖锐的鳍棘，含剧毒，但这些鳍棘从不用来捕猎，产生的毒液也只用来自卫。

翱翔蓑鲉一般以鱼类、虾类和小型蟹类等为食。为伏击猎物，它们通常一动不动或缓慢移动，然后突然窜过去捕食毫无提防的小动物。但有时候，它们又很积极活跃，捕食时会把长鳍展开成扇形，把小鱼引到容易捕食的地方。

雌性翱翔蓑鲉会把大量鱼卵产在水中，鱼卵由雄鱼受精后会一直漂浮在水中，大约36小时后孵化成幼鱼。

---

1. 鲉：yóu

宽吻海豚

宽吻海豚一般为灰色，背鳍呈弧形，腹部为白色。圆圆的口鼻部略弯，通常看上去像在微笑。

澳大利亚海岸附近几乎都能找到宽吻海豚的身影，它们有些栖息在隐蔽的海湾，有些生活在较远的海里。它们是杰出的潜水员、矫健的游泳能手。宽吻海豚会定期探出水面，通过喷水孔呼吸，有时还会优雅地腾跃，在水上划出优美的弧线。

宽吻海豚喜欢群居，也相当"聒噪"，会发出类似啸叫、呼噜、吱吱、滴答、唧啾等声音。捕猎时，它们会运用回声定位。宽吻海豚每秒钟会发出约一千次滴答的叫声，声音能够穿透海水，之后通过回声，就可以知道附近哪里存在物体。

宽吻海豚的饮食十分宽泛，包括鱼类、鱿鱼和甲壳类动物。通常它们会吞下整个猎物，有时还会一起围住鱼群，这样更容易捕获猎物。

海豚群体中，每只海豚都会保护降生的海豚宝宝。宽吻海豚是出了名的富有同情心，如果群体中有海豚受伤了，其他海豚会把它带到水面上让它呼吸。宽吻海豚还会对其他动物伸出援手。

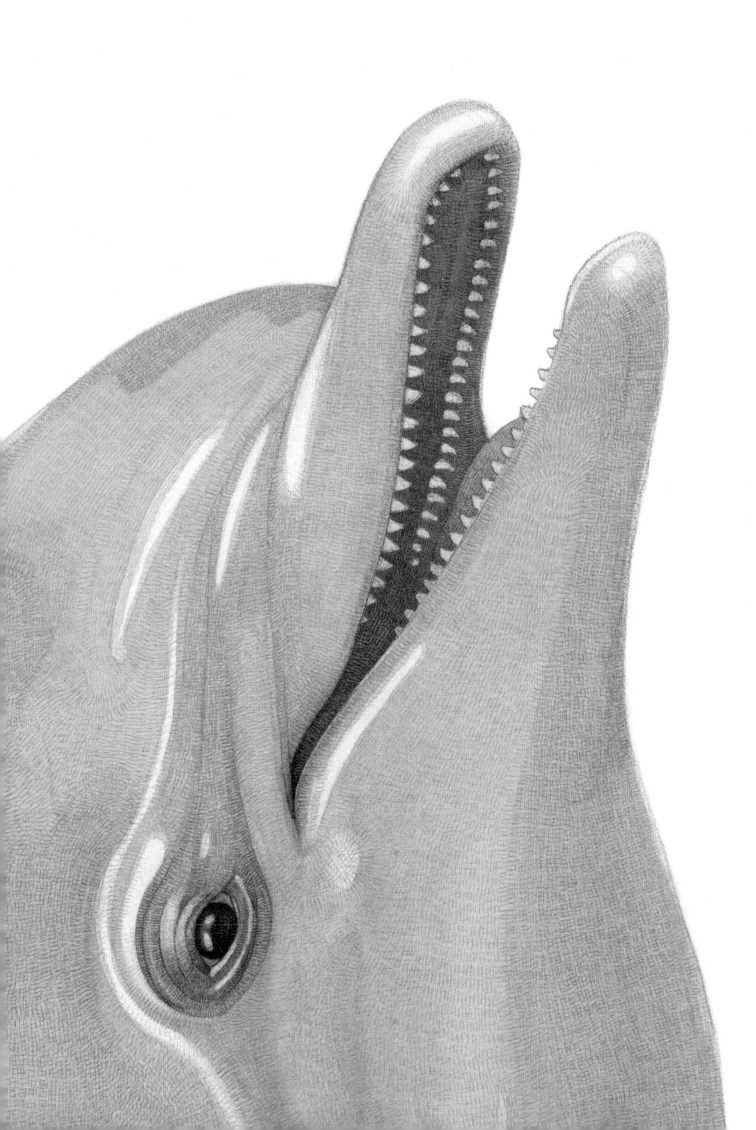

长腕和尚蟹

长腕和尚蟹体型较小，身体浑圆，带有独特的蓝色。腿细长，呈奶白色，每个关节处有深紫块状。

长腕和尚蟹喜欢沙质环境，经常把家安在潮滩、河口和红树林里。澳大利亚的长腕和尚蟹尤其常见于东海岸，但在北部和西海岸线中部也有分布。

长腕和尚蟹觅食时一般会组成巨大的"军团"，一次性将海滩上某一处的食物一扫而光。在进食时，它们用钳子将沙子送进嘴里，在嘴里筛选出藻类和螺卵后，吐出余下的小沙砾。

与其他螃蟹不同，长腕和尚蟹是向前走，而不是横着往侧面走。潮落时它们从沙穴中爬出，在海滩上边行进边觅食。数百个小和尚蟹同时挖寻食物，光滑的沙地上会出现很多小凸块。等潮水再次席卷，把小凸块刷平之前，它们会再藏回那些凸起的沙穴中。

_____

魟鱼

澳大利亚海域有许多不同种类的魟鱼。它们一般生活在热带和温带区域，偏好有沙土或泥底的浅水区。

魟鱼身体扁平，两边各有一只大鳍，就像两只翅膀。有些魟鱼会通过拍打两只胸鳍在水中游动，还有一些会以波浪形状摆动身体的方式游动，形成优雅的弧形。魟鱼不是很活跃，通常它们会把身体埋进沙里，只露出部分尾巴。有些魟鱼的尾巴带有尖锐的锯齿状毒棘或毒刺，含剧毒，用来防卫。

魟鱼一般喜好独居，但有些魟鱼会组群迁移或觅食。它们以甲壳类动物、鱼类、虾类、螺和蠕虫等为食。它们的嘴巴凹陷处充满胶状物，这是魟鱼用来捕食的电传感器。在水中，这些传感器可接收其他动物移动带来的细小电荷，从而帮助魟鱼找到猎物。

有些魟鱼皮肤光滑，有些则有粗糙的粒状纹路。一般魟鱼背部为棕色或灰色，腹部灰白，有些魟鱼背部还带有黑色、白色或亮蓝斑点。它们的嘴巴、鼻子和鳃都藏在腹部，眼睛则位于身体两侧。

雌魟鱼会把鱼卵藏在体内孵育，一段时间后生出魟鱼宝宝。

————————————

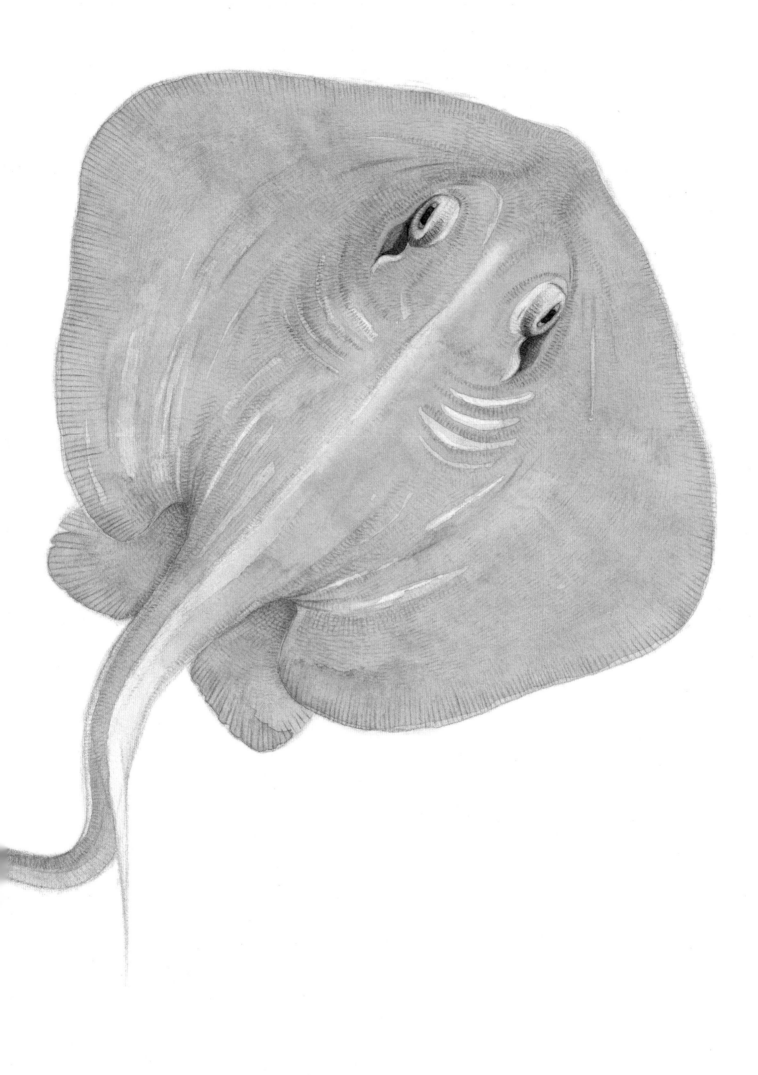

裸鳃类

澳大利亚水域中生活着上百种不同的裸鳃类。裸鳃类是一种海蛞蝓[1]，最常见于珊瑚礁，但也广泛分布于各种海洋环境。裸鳃类体型不一，许多裸鳃类身体有部分突出，比如肿块、羽毛状的尾巴、褶边、往上凸起的脊和角。

大部分裸鳃类色彩鲜艳，图案精美，常缀有不同条纹、斑点、涡旋和一环一环的色彩。这种独特的体色，可使裸鳃类与周围环境融为一体，或者以此作为警告，躲避敌人攻击。很多裸鳃类从食物中吸取毒素，然后分泌对敌人有毒的物质。这类裸鳃类通常体色鲜艳，以警告敌人不要越雷池一步。

裸鳃类以珊瑚、海藻、海绵、海葵和藤壶为食。一般裸鳃类定位猎物时会用到头上两只极其敏感的触角，也就是嗅角。它们的视力不佳，需要依赖嗅觉、味觉和触觉来感知周围的世界。

裸鳃类是雌雄同体的，拥有两性的生殖器官，但很少自行受精。它们一般会将卵排在一条胶质螺旋管道中，形成丝带一般的圈圈，漂亮极了。孵出的小裸鳃类经2~3个月后发育成成体。

---

1. 蛞蝓：kuò yú

蓝瓶僧帽水母

蓝屏僧帽水母由四个不同的游动孢子组成，每一个游动孢子都不能独立生存，但组合到一起就会形成一体。

其中一个游动孢子就是浮囊，浮在水面就像半透明的气泡。浮囊内部充满气体，可像气球一般收缩扩张。每个浮囊带有鲜艳的蓝色，有时也缀有少许紫色、粉红和浅绿。浮囊背部呈褶边背峰状，可招风并使僧帽水母朝不同方向移动。

第二个游动孢子是触手，位于浮囊之下，可紧抓食物不放。蓝瓶僧帽水母以小型海洋生物为食，包括鱼类、甲壳类动物和软体动物。僧帽水母最长的触手上有细小巨毒的刺细胞，猎物一旦被抓上就很难逃脱。就算被冲上海岸，它们依然可以用触手进行蜇咬。

第三个游动孢子发挥嘴巴和肚子的作用，可吃下任何猎物。

第四个游动孢子起繁殖作用。蓝瓶僧帽水母卵孵化成幼体后，成为独立的游动孢子，这些游动孢子聚在一起可组成新的蓝瓶僧帽水母。

蓝瓶僧帽水母一般偏好较温暖的海域，夏季常见于澳大利亚东海岸，而天气较冷的月份则会分布在澳大利亚西海岸的下半部分。

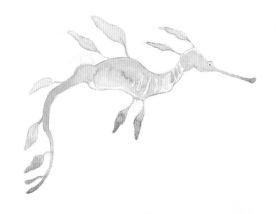

草海龙

草海龙身体细长，沿身体周边延伸出大量叶瓣状附肢。草海龙体色和图案不一，但皮肤多呈红色和黄色，缀有蓝色条纹和白点或黄点。

草海龙为澳大利亚水域独有，在澳大利亚极为常见。它们主要生活在澳大利亚海岸线北部一带，从新南威尔士州到西澳大利亚都有分布。草海龙偏好珊瑚礁、海藻林和海草床等区域，栖息在这些地方有助于伪装。

草海龙不太擅长游泳，它们不能像海马那样，用尾巴抓握水中植物将身体固定好，只能很大程度地借助水流，像海草那样摇摆漂浮。

求爱时，一对对草海龙会每天一起跳舞，一跳就是几个星期。雄草海龙会在尾部下端海绵状区域孵育独特的粉红卵，每次可携带几百颗。草海龙宝宝都很小，但会随着孵化逐渐成形。

草海龙进食要依靠它们那长而尖的鼻子，来吸食浮游生物、仔鱼、小型甲壳类动物和小蠕虫等。它们需要不断进食才能保持能量。

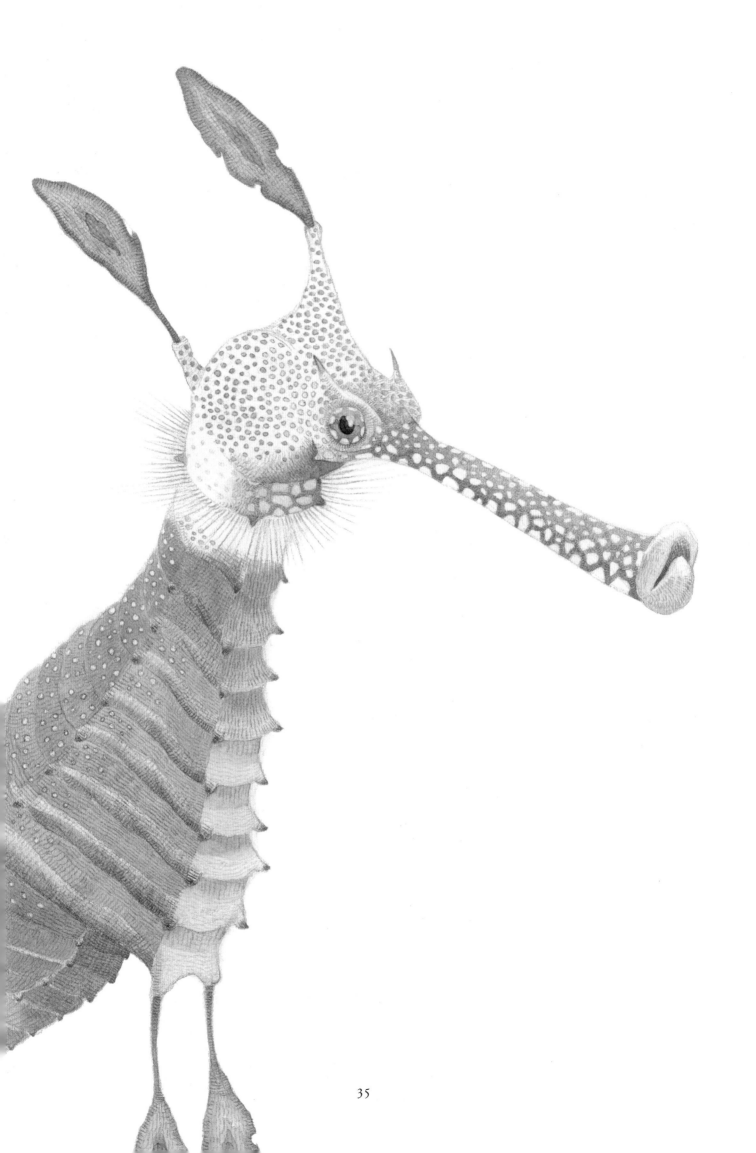

蓝圈章鱼

蓝圈章鱼体型虽小，但极其危险。它们生活在澳大利亚海岸水域，一般栖息于有大量裂缝和贝壳的地方以便躲藏，比如岩石间的潮水潭、珊瑚礁和多礁石海滩。

蓝圈章鱼种类繁多，皮肤上有棕色和奶白色图案。只有在感到害怕时，它们才会闪现带电的蓝圈，用这种艳丽且不断闪动的颜色对敌人进行警告。如果警告未起到震慑效果，蓝圈章鱼们就会释放强大的毒液来自卫。其实蓝圈章鱼身体上可叮咬敌人的部位很小，但释放的毒液却很致命。它们尽管很危险，但却不具有攻击性。它们个性害羞，喜欢隐居，平时喜欢躲起来，而非主动攻击。

蓝圈章鱼喜食蟹类、虾类和小鱼等，捕食时会用毒液使猎物瘫痪。

雌性蓝圈章鱼会把卵藏在八只触角下，精心照料，始终给以保护，直至孵化。而卵一旦得以孵化，蓝圈章鱼妈妈们也就活不了多久了。

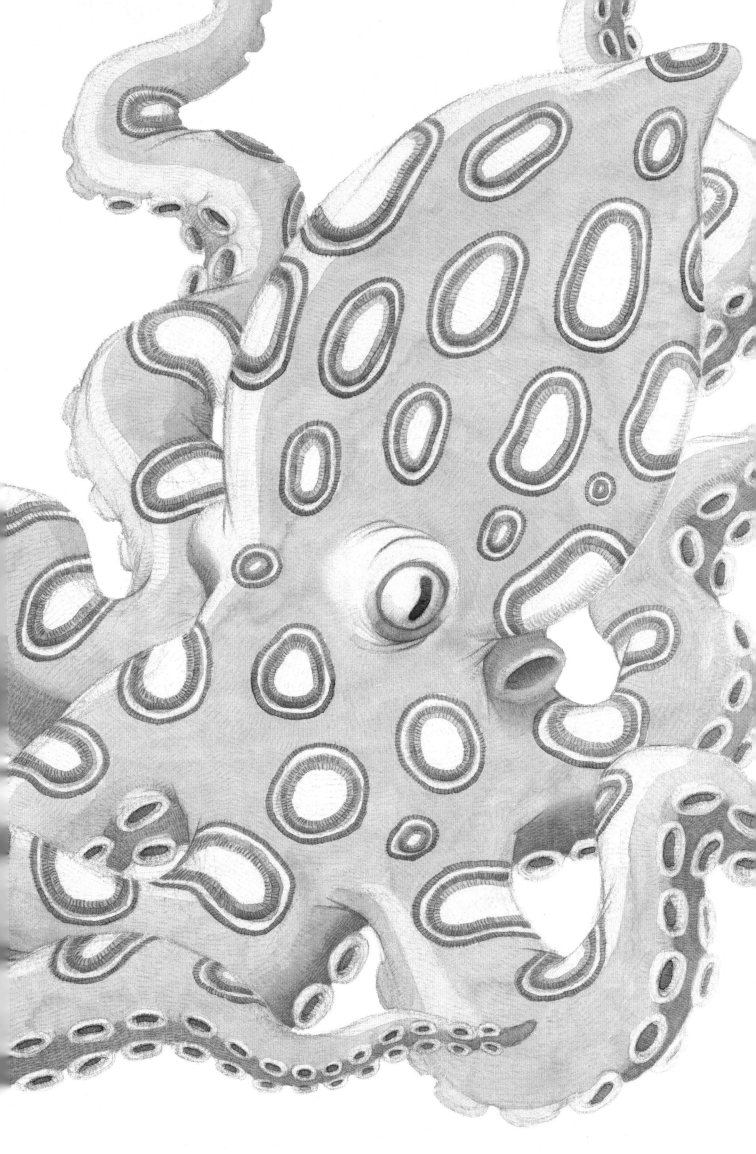

绿海龟

绿海龟的体色呈独特的绿色，其背上有个大大的壳，呈水滴状，兼有棕色、绿色和黄色。绿海龟一般生活在暖水区，靠近珊瑚礁或海草床。在澳大利亚它们尤其常见于大堡礁，在这里它们的种群数量为世界之最。绿海龟主要分布在昆士兰州海岸，从澳大利亚北部到澳大利亚西海岸中部都可找到绿海龟的身影。

绿海龟们大部分时间都在水里，通过宽大的鳍足在海里长距离游行。它们在水下可一次待上几个小时，但一般得定期把头伸出海面呼吸。绿海龟们经常活动在靠近海岸太阳光可穿透的地方，偶尔也会爬上岸晒晒日光浴。

绿海龟一般在陆地上产卵，而且喜欢把产卵地定在它们出生的海滩区域。就算相隔几千米远，很多年来没有回去过，它们照样知道怎么回去。雌性绿海龟会用鳍足在沙滩上挖一个深坑，把卵产进去，用沙子盖好，然后再游回海里。大约两个月后，刚孵化出的小海龟会自己爬出来，然后奔向海洋。

绿海龟属于食草性动物，以海草和海藻为食，但幼龟偏肉食，还会食用浮游生物、水母和蟹类等。

著作权合同登记号 图字：01-2020-7289

图书在版编目（CIP）数据

澳大利亚海洋动物图鉴 /（澳）迈特·淳绘著；徐锦标，语言桥译 . -- 北京：现代教育出版社，2021.3
（儿童科普成长系列）
ISBN 978-7-5106-6378-9

Ⅰ.①澳... Ⅱ.①迈... ②徐... ③语... Ⅲ.①水生动物 - 海洋生物 - 儿童读物 Ⅳ.① Q958.885.3-49

中国版本图书馆 CIP 数据核字 (2020) 第 235868 号

书　　名	儿童科普成长系列　澳大利亚海洋动物图鉴				
绘　　著	[澳]迈特·淳		翻　译	徐锦标　语言桥	
出版发行	现代教育出版社				
地　　址	北京市朝阳区安华里 504 号 E 座		邮　编	100011	
电　　话	（010）64251036（编辑部）　（010）64256130（发行部）				
出 品 人	陈　琦				
项目策划	中图现代教育国际出版中心				
选题策划	王春霞　郭建红				
责任编辑	李　颖　李　丛				
特约编辑	张　敏				
美术编辑	陈灵睿				
印　　刷	北京建宏印刷有限公司				
开　　本	635mm×965mm　1/8				
印　　张	5.5				
字　　数	40 千字				
版　　次	2021 年 3 月第 1 版				
印　　次	2021 年 3 月第 1 次印刷				
书　　号	ISBN 978-7-5106-6378-9				
定　　价	78.00 元